Hala Kandil

Melhorar a produção das plantas através da fertirrigação

Hala Kandil

Melhorar a produção das plantas através da fertirrigação

ScienciaScripts

Imprint
Any brand names and product names mentioned in this book are subject to trademark, brand or patent protection and are trademarks or registered trademarks of their respective holders. The use of brand names, product names, common names, trade names, product descriptions etc. even without a particular marking in this work is in no way to be construed to mean that such names may be regarded as unrestricted in respect of trademark and brand protection legislation and could thus be used by anyone.

Cover image: www.ingimage.com

This book is a translation from the original published under ISBN 978-3-659-62888-7.

Publisher:
Sciencia Scripts
is a trademark of
Dodo Books Indian Ocean Ltd. and OmniScriptum S.R.L publishing group

120 High Road, East Finchley, London, N2 9ED, United Kingdom
Str. Armeneasca 28/1, office 1, Chisinau MD-2012, Republic of Moldova, Europe
Printed at: see last page
ISBN: 978-620-7-86488-1

Conteúdo

Capítulo 1. Introdução:

Injecções de fertilizantes solúveis através do sistema moderno de água de irrigação. Assim, os elementos químicos dos fertilizantes são aplicados diretamente na zona das raízes e a maior parte das necessidades das plantas é utilizada de forma eficiente, sem grande consumo por ervas daninhas concorrentes ou perdas na subsuperfície do solo **(Johnston, 2003).**

A fertirrigação apresenta uma série de vantagens, como a poupança de mão de obra e de fertilizantes, uma maior eficiência dos dois factores de produção (água e fertilizantes) e a redução da poluição das águas subterrâneas; não está tão dependente das condições meteorológicas ou da hora do dia, pode reduzir a quantidade de aplicação múltipla de pequenas quantidades de nutrientes vegetais sujeitos a lixiviação, em particular o azoto, permitindo assim reduzir a quantidade aplicada à cultura, bem como a taxa de aplicação de certos herbicidas e insecticidas **(Patel e Rajput, 2000; Narda e Chawla, 2002).** Se os fertilizantes forem aplicados através de sistemas de rega, poupa-se 2978% nos custos de aplicação devido à melhoria da eficiência da aplicação de fertilizantes. Também resulta em baixa lixiviação de fertilizantes, aplicação precisa de nutrientes, (quantidade certa e tempo certo) **(Alva *et al.* 2005).**

A fertirrigação eficaz exige o conhecimento de certas características das plantas, como a taxa diária óptima de consumo de nutrientes e a distribuição das raízes no solo. As características dos nutrientes, como a solubilidade e a mobilidade, são importantes e os factores de qualidade da água de irrigação, como o pH, o conteúdo mineral, a salinidade e a solubilidade dos nutrientes, devem ser considerados. A necessidade de irrigação é o principal fator na fertirrigação porque o sistema de irrigação é instalado principalmente para fornecer água **(Mmolawa e Or, 2000).**

Capítulo 2. Definição:

A fertirrigação é a técnica de utilização de fertilizantes solúveis para fornecer nutrientes essenciais às plantas através do sistema de irrigação **(Rusan, 2004).**

Fertirrigação significa irrigação mais fertilização que pode ser feita através de linhas de gotejamento enterradas ou superficiais ou através de aspersores.

Os recentes desenvolvimentos tecnológicos nos métodos de rega gota a gota e de micro-irrigação aceleraram a adoção da fertirrigação para uma gama mais vasta de culturas, incluindo as árvores de fruto. Para reduzir a dependência da água doce e manter uma fonte constante de água de irrigação ao longo do ano, podem ser utilizadas na agricultura águas residuais de diferentes qualidades.

De um modo geral, só devem ser utilizadas águas que tenham sido objeto de tratamento secundário (isto é, tratamento físico e biológico) para limitar o risco de contaminação das culturas e o risco para a saúde dos trabalhadores.

2.1. Vantagens da fertirrigação:

1. Uma vez que, com a fertirrigação, a aplicação de fertilizantes pode ser mais bem controlada, a fertilização excessiva e a irrigação excessiva em qualquer período de crescimento podem ser evitadas. Assim, através da sincronização do fornecimento de água e nutrientes com as necessidades da cultura, tanto a eficiência do uso de água como de fertilizantes é melhorada e o impacto adverso do excesso de fertilização no ambiente é minimizado. Quanto mais próximo o momento da aplicação do fertilizante estiver do pico da procura de nutrientes, maior será a eficiência de utilização dos fertilizantes.

2. A irrigação por gotejamento provou ser o método mais eficiente de irrigação em termos de economia de água e aumento de produtividade. As técnicas convencionais de fertilização não são adequadas para o sistema de irrigação por gotejamento, enquanto a fertirrigação é considerada a única técnica apropriada para a aplicação de fertilizantes. Na verdade, a fertirrigação em muitos países tem ganhado força desde a adoção de sistemas de irrigação por gotejamento. Isto também é de extrema

importância em países onde os recursos hídricos quantitativamente e qualitativamente são limitados.

3. A fertirrigação pode evitar a aplicação de grandes quantidades de fertilizante sólido por métodos convencionais, evitando assim danos salinos nas raízes das plantas.

4. A fertirrigação pode minimizar as perdas por lixiviação e/ou volatilização porque os nutrientes são fornecidos diretamente na zona radicular em pequenas quantidades e frequentemente de acordo com as necessidades de cada período de crescimento.

5. Em comparação com a aplicação no solo, a fertirrigação poupa tempo, energia, mão de obra e custos globais de aplicação.

6. A aplicação frequente de pequenas doses de fertilizantes com fertirrigação mantém a quantidade de fertilizantes no solo em qualquer altura suficientemente baixa para minimizar as perdas por lixiviação e escoamento durante chuvas fortes ou irrigação excessiva.

7. A fertirrigação permite a incorporação de fertilizantes com pesticidas e outros produtos químicos, reduzindo assim o tempo, a mão de obra, a energia e os custos de aplicação.

8. Com a fertirrigação é mais conveniente aplicar pequenas doses de fertilizantes de micronutrientes, especialmente em solos alcalinos e calcários, onde a maioria dos fertilizantes de micronutrientes tem baixa solubilidade.

9. Com a fertirrigação, as terras marginais, como os solos arenosos, os solos rochosos, os solos pouco profundos e os solos afectados pelo sal podem ser cultivados e as culturas podem crescer com sucesso. Nestas condições, o controlo da água de irrigação e fertilizantes na zona da raiz é crítico e pode ser alcançado com sucesso com a fertirrigação. Além disso, com a fertirrigação e a irrigação por gotejamento, a água marginal pode ser usada com sucesso para irrigação, mantendo a zona da raiz sempre molhada, mantendo assim os sais longe das raízes. Com a rega de superfície, o solo varia entre a saturação e o ponto de murcha entre regas.

10. Os benefícios da fertirrigação incluem a redução da compactação do solo e dos

danos mecânicos nas culturas devido à menor utilização de tractores e outras máquinas pesadas nos campos.

11. Os fertilizantes podem ser aplicados no solo quando as culturas e as condições do solo são inconvenientes (superfície do solo húmida, culturas em crescimento, etc.) para que os trabalhadores ou o equipamento entrem no campo para aplicar fertilizantes por métodos convencionais.

12. Através da fertirrigação, os nutrientes imóveis, como o fósforo e os micronutrientes, serão fornecidos diretamente na zona radicular e, por conseguinte, os nutrientes não são amplamente misturados com o solo. Assim, menos volume de solo é fertilizado e menos fixação, sorção ou precipitação estão a ocorrer e fertilizante **(Rusan, 2004).**

b. Desvantagens da fertirrigação:

- Se o sistema de irrigação não aplicar água e nutrientes uniformemente, a fertirrigação através do sistema de irrigação pode resultar num crescimento desigual da cultura. O excesso de rega resultará na lixiviação de nutrientes para além da zona radicular e na poluição das águas subterrâneas.

- Os fertilizantes podem depositar-se e bloquear o sistema de rega, especialmente com a rega gota-a-gota. Isto pode ocorrer se forem seleccionados os fertilizantes errados. A água de rega também pode conter teores elevados de certos sais, como magnésio, cálcio e bicarbonatos no fertilizante.

- Podem ocorrer lamas de bactérias e algas, devido ao aumento dos níveis de nutrientes na água, especialmente nos sistemas de gotejamento. Isto bloqueia o sistema.

- Os problemas com as ervas daninhas podem ser maiores, em comparação com os métodos tradicionais de adição de fertilizantes sólidos, quando os aspersores são usados, conforme relatado por **(Burt, 2001).**

Capítulo 3. Sistema de irrigação para fertirrigação:

Os sistemas de irrigação são seleccionados com base na sua eficiência de utilização da água, que varia com as propriedades do solo e as características das culturas, e não com o próprio sistema de aplicação. Os sistemas de irrigação são categorizados pela sua eficiência de irrigação, definida como o volume de água utilizado pelas plantas em relação ao volume fornecido pelo sistema **(Jensen, 2007).** Os sistemas de aspersão e gota-a-gota têm eficiências de rega substancialmente mais elevadas (60-70% e 80-90%, respetivamente) do que a tradicional inundação de superfície (50-60% de eficiência) **(Smajstrla *et al.*, 1991).**

A rega gota-a-gota é utilizada para a aplicação mais precisa da água relacionada com as necessidades hídricas da cultura e o desenvolvimento do sistema radicular. A irrigação por gotejamento emprega uma pressão mais baixa do que a irrigação por aspersão. A rega gota-a-gota provou fornecer eficientemente água de rega e nutrientes às raízes das plantas, mantendo uma produção de alto rendimento. A rega gota-a-gota moderna tornou-se indiscutivelmente a inovação mais valiosa do mundo na agricultura desde a invenção do aspersor de impacto, que substituiu a rega por inundação. Porque com a rega gota-a-gota é possível obter elevadas eficiências de aplicação de água, uma vez que há uma evaporação superficial reduzida, menos escoamento superficial, bem como uma percolação profunda mínima. Além disso, um sistema de irrigação por gotejamento pode ser facilmente utilizado para a fertirrigação, através do qual as necessidades de nutrientes da cultura podem ser precisas **(Or e Ccoelho, 1996).** Devido à forma como a água é aplicada no sistema de gotejamento, a tradicional aplicação superficial de fertilizantes de libertação prolongada é por vezes ineficaz, pelo que o sistema de gotejamento mistura frequentemente fertilizantes líquidos com a água de rega.

Foto (1): Irrigação por gotejamento.

Benefícios do sistema de irrigação por gotejamento: como relatado por **(Johuston, 2003)**

- Registado para aumentar o rendimento de muitas culturas.
- Poupa água até 70% em comparação com a irrigação por inundação. Mais terra pode ser irrigada com a água assim poupada.
- As culturas crescem de forma consistente, são mais saudáveis e amadurecem rapidamente.
- A maturidade precoce resulta num retorno mais elevado e mais rápido do investimento.
- A eficiência da utilização de fertilizantes aumenta em 30%.
- Redução do custo dos fertilizantes.

\- O fertilizante e o tratamento químico podem ser administrados através do próprio sistema de micro irrigação.

A rega por aspersão é um método de aplicação de água de rega semelhante à chuva. A água é distribuída através de um sistema de tubos, normalmente por bombagem. Em seguida, é pulverizada no ar e irriga toda a superfície do solo através de aspersores, de modo a dividir-se em pequenas gotas de água que caem no solo **(Johnston, 2003).**

Os aspersores proporcionam uma cobertura eficiente de áreas pequenas a grandes e são adequados para utilização em todos os tipos de propriedades. Também é adaptável a quase todos os solos irrigáveis, uma vez que os aspersores estão disponíveis numa vasta gama de capacidades de descarga.

Vantagens da rega por aspersão:

- Melhorar a eficiência da utilização da água (75%).
- Controlar as aplicações de água em todo o campo.
- Normalmente aplicado num calendário de 5 a 7 dias.
- Pode também ser utilizado para a produção de geada **(Johnston, 2003).**

Desvantagens da rega por aspersão:

- Mais dispendioso para comprar e operar.
- Mais complexo **(Johnston, 2003).**

Foto (2): Irrigação por aspersão.

A irrigação por aspersão e gota a gota é um método altamente eficiente de aplicação de água; isto também é ideal para controlar a colocação e a taxa de fornecimento de fertilizantes solúveis em água. Os nutrientes podem ser injectados em várias frequências (diariamente ou mensalmente), dependendo das restrições do sistema, do tipo de solo e da preferência do agricultor **(Thompson *et al.*, 2003).**

A irrigação de superfície é a tecnologia de irrigação mais difundida, cobrindo mais de 90% dos 250 milhões de hectares irrigados em todo o mundo **(Johnston, 2003). A** seleção do método de irrigação de superfície depende de factores como o clima, o tipo de solo, a topografia, a tecnologia de cultivo, a disponibilidade e a qualidade da água.

As técnicas de rega por inundação utilizam mais água do que os sistemas de rega pressurizada de baixo volume. Na rega por inundação, a água é dirigida e controlada por bacias, bordaduras e/ou sulcos construídos. Durante a rega por inundação, a água aplicada percola através da zona radicular da planta, resultando em perdas de nutrientes aplicados por lixiviação. A distribuição de fertilizantes depende do padrão de fluxo de água num determinado solo **(Hanson *et al.*, 2006).** Sob irrigação por inundação, a maior parte do movimento da água é devido à gravidade, resultando em drenagem excessiva. Mais nutrientes podem ser necessários para campos irrigados por inundação do que aqueles irrigados com sistemas de baixo volume **(Thompson *et al.*, 2000),** que retêm a água aplicada e, portanto, os nutrientes, na zona da raiz da planta **(Fares e Alva 2000).**

Foto (3): Irrigação de superfície.

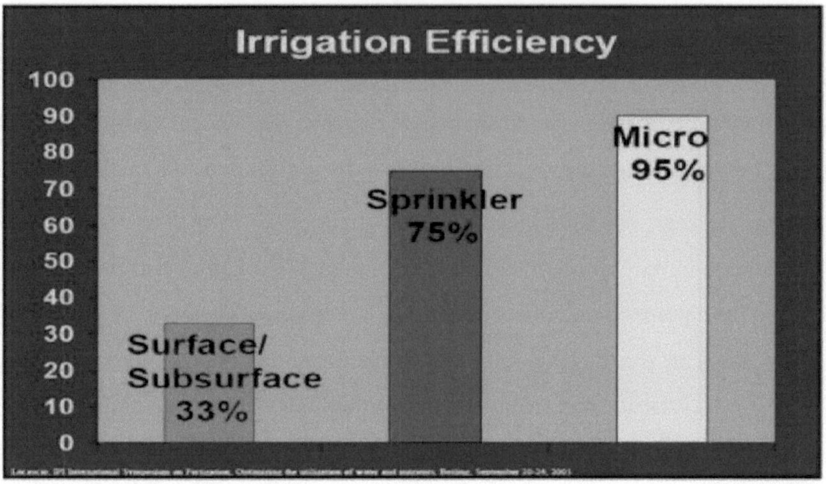

Fig (1): Eficiência de irrigação.

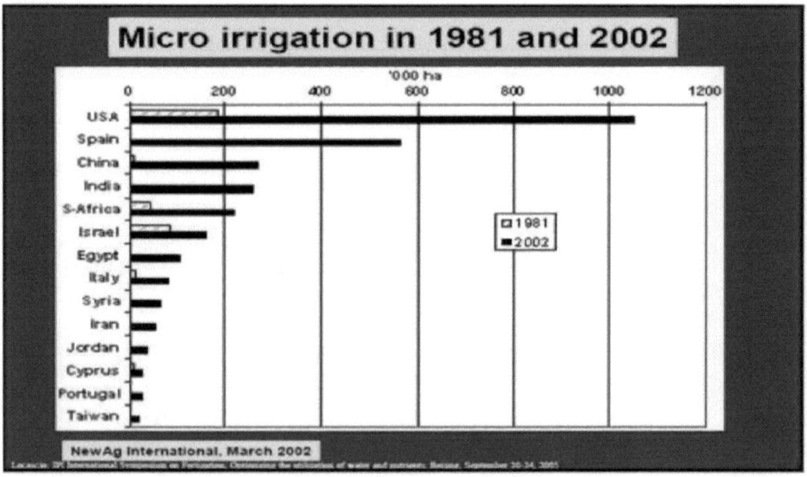

Fig (2): Desenvolvimento da micro irrigação.

Capítulo 4. Seleção de fertilizantes para fertirrigação:

Um adubo para fertirrigação deve ter as seguintes características

- Fornece os nutrientes correctos para aumentar o rendimento ou a qualidade.
- Ser eficiente em termos de custos.
- Solúvel em água.
- Não reage negativamente com outros fertilizantes ou sais na água de irrigação.
- Contêm um baixo nível de cloreto **(Charles, 1998).**

Capítulo 5. Nutrientes:

Os 12 nutrientes essenciais para o crescimento das plantas estão disponíveis nos fertilizantes (Quadro 1).

A fertilização equilibrada de NPK e micronutrientes para otimizar o rendimento do algodão, batatas e damascos, respetivamente, confirmaram o papel importante da fertilização equilibrada dos resultados obtidos por **(Nofal *et al.*, 2002; Khalifa *et al.*, 2003 e Shaaban *et al.*, 2004).**

5.1. Azoto (N):

O azoto é necessário para a produção de proteínas pela planta, para o crescimento adequado das folhas e para muitas das funções críticas, como a fotossíntese, por elas realizadas. No interior da planta, o azoto converte-se em aminoácidos, os blocos de construção das proteínas. Estes aminoácidos são depois utilizados na formação do protoplasma. Por conseguinte, o azoto é um componente necessário para a estrutura e função das células, uma vez que o protoplasma é o local da divisão celular e do crescimento das plantas. O azoto é também necessário para as reacções enzimáticas nas plantas, uma vez que todas as enzimas vegetais são proteínas. É um componente necessário de várias vitaminas.

As soluções mais utilizadas nas explorações agrícolas para a fertirrigação são as seguintes (Fares e Abbas, 2009):

5.1.1. Solução de nitrato de amónio (20-0-0) [NH_4NO_3]

O fertilizante de nitrato de amónio é uma das fontes de N mais comuns e amplamente utilizadas. Pode ser dissolvido em água a uma densidade de 1,26 kg L^{-1} (10,5 libras por galão).

5.1.2. Solução de nitrato de ureia-amónio (32-0-0) [$(NH_2)_2CO$ H_4NO_3]

Esta fonte de N é fabricada através da combinação de ureia (46% de N) e nitrato de amónio (35% de N) numa base de igual teor de N. Das fontes de N disponíveis, o nitrato de ureia-amónio tem a maior concentração de N. O nitrato de cálcio não é geralmente utilizado com o nitrato de ureia-amónio, para evitar a formação de precipitados insolúveis, brancos e leitosos que podem potencialmente entupir as linhas de irrigação.

5.1.3. Nitrato de cálcio (15,5-0-0- 19 Ca) [5 Ca $(NO_3)_2NH_4NO_3$]

O nitrato de cálcio é um produto rico em nitrato N (NO_3-N) com 1% de amónio-N (NH_4-N) e cálcio (Ca). O nitrato de cálcio pode ser misturado com NH_4NO_3, nitrato de magnésio (Mg $[NO_3]_2$), nitrato de potássio KNO_3 e (Ca Cl). No entanto, este produto não deve ser misturado com qualquer produto que contenha fosfato, sulfatos ou tiossulfato, para evitar a formação de precipitados insolúveis que podem resultar em problemas de entupimento em sistemas de rega gota a gota, gota a gota ou micro jato de baixo volume.

5.1.4. Tiossulfato de amónio (122-0-0-26) [$(NH_4)_22S_2O_3$]

A O tiossulfato de mmónio (ATS) é utilizado como agente acidulante. Quando o ATS é aplicado ao solo através de fertirrigação, as bactérias oxidantes de enxofre, *Thiobacillus* spp., oxidam o enxofre livre (S) para formar ácido sulfúrico (H_2SO_4). O gesso é formado pela mistura de ATS com um solo calcário rico em cal. O gesso ajuda a manter uma boa estrutura do solo. O ATS pode ser misturado com fertilizantes líquidos fosfatados neutros ou alcalinos ou com outros fertilizantes N. No entanto, não deve ser misturado com compostos ácidos devido ao facto de se decompor em S elementar e $(NH_4)_2SO_4$. A aplicação deste fertilizante em solos neutros ou ácidos pode resultar numa diminuição drástica do pH do solo ao longo do tempo. A extensão da queda do pH varia com o tipo de solo e com a quantidade de fertilizante aplicado.

5.1.6. Ureia (46-0-0)

A ureia está normalmente disponível como fertilizante sólido e seco (46-0-0) ou como solução líquida (23-0-0). A ureia disponível no mercado contém cerca de 2,25% de biureto, um subproduto que se forma durante o processo de fabrico. Para aplicação foliar, recomenda-se a ureia com menos de 0,25% de biureto, uma vez que uma percentagem mais elevada de biureto pode inibir o crescimento das plantas.

5.1.6. Ácido ureico sulfúrico (122-0-0-26) [$CO(NH_2)_2H_2SO_4$]

Trata-se de um fertilizante ácido que combina ureia e ácido sulfúrico. Quando a ureia é aplicada ao solo, aumenta o pH do solo e aumenta as perdas de N através da volatilização do amoníaco. A aplicação combinada de ureia e ácido sulfúrico reduz a volatilização do amoníaco e o pH do solo, reduzindo assim os danos provocados pelo amoníaco nas raízes das plantas, que ocorrem quando apenas a ureia é utilizada como fonte de nutrientes.

5.1.7. Nitrato de potássio (13-0- 46) [KNO_3]

O nitrato de potássio é um componente de fertilizante caro em comparação com outras fontes de K. É uma excelente escolha de fertilizante de potássio para áreas com água de irrigação altamente salina. O nitrato de potássio é menos solúvel do que o KCl, mas mais solúvel do que o K_2SO_4.

5.2. Fósforo (P):

O fósforo é um nutriente importante que é necessário para o desenvolvimento das raízes, a divisão celular, a qualidade e o rendimento. É normalmente aplicado antes da plantação, mas também pode ser aplicado após a plantação em alguns solos arenosos. As plantas precisam geralmente de fósforo no início do seu ciclo de vida, o que faz do P um importante corretor antes da plantação, se já for deficiente no solo. A aplicação de P numa fase posterior através de fertirrigação é adoptada se aparecerem sintomas de deficiência de P nas plantas em qualquer altura durante a estação de crescimento. O fósforo é o elemento mais crítico utilizado na fertirrigação devido à sua solubilidade na água, especialmente na presença de outros nutrientes, como o cálcio (Ca). A maioria dos fertilizantes disponíveis comercialmente contém ácido fosfórico (P_2O_5) como fosfato solúvel em água e solúvel em citrato. Uma vez que o P não se dissolve facilmente na água de irrigação, é menos provável que seja lixiviado através de muitos solos. O fósforo ligado a partículas de solo erodidas pode ser transportado para massas de água através de escoamento superficial, causando poluição. É importante saber que a injeção de fertilizantes P nos sistemas de rega pode causar entupimento dos emissores devido à formação de precipitados quando o P é misturado com certos fertilizantes.

Para a água de irrigação rica em Ca e Mg, espera-se a precipitação de sólidos nas linhas de irrigação se o P for utilizado na fertirrigação. A maioria dos fertilizantes de fósforo seco (por exemplo, fosfato de amónio ($[NH_4]_3PO_4$) e superfosfatos) não são injectados na água de irrigação devido à sua baixa solubilidade na água. Os fertilizantes P, como o fosfato monoamónico (MAP), o fosfato di-amónico (DAP), o fosfato monobásico de potássio, o polifosfato de amónio líquido P_2O_5 e o fosfato de ureia, são solúveis em água e podem ser utilizados na fertirrigação **(Fares e Abbas, 2009).**

5.2.1. Ácido fosfórico (0-54-0):

O ácido fosfórico é um líquido xaroposo solúvel em água que é usado com muitas formulações de misturas de N, P e K, mas não com nenhum dos fertilizantes de Ca. A utilização de fertilizante de Ca com P_2O_5 resulta na formação de fosfato de cálcio insolúvel ($Ca_3[PO_4]_2$), que pode entupir os tubos de irrigação, emissores e gotejadores do sistema de irrigação.

5.3. Potássio (K):

O potássio é um dos principais nutrientes e tem como principais fontes o cloreto de potássio (KCl), o nitrato de potássio (KNO_3) e o sulfato de potássio (K_2SO_4). Quando misturado com os seus adubos, o K pode gerar precipitantes sólidos. Uma vez que a solubilidade do K2O4 é muito baixa, é por isso raramente utilizado na fertirrigação. O tiossulfato de potássio é outra fonte comum de K que pode ser misturado com ureia e solução de polifosfato de amónio na ausência de fertilizantes ácidos. As principais fontes de K são apresentadas abaixo, juntamente com os seus méritos e deméritos **(Fares e Abbas, 2009).**

5.3.1. Cloreto de potássio (0-0-62) [KCl]:

O cloreto de potássio é uma das fontes de fertilizantes menos dispendiosas, mais populares e altamente solúveis em água para os nutrientes K. No entanto, o KCl não é útil se a água de irrigação tiver altos níveis de salinidade.

5.3.2. Sulfato de potássio (0-0-52) [K_2SO_4] :

O sulfato de potássio é uma das melhores alternativas ao KCl em zonas de elevada salinidade e constitui simultaneamente uma fonte de enxofre.

5.3.3. Tiossulfato de potássio (0-0-25-17) e (0-0-22-23) [$K_2S_2O_3$]:

O tiossulfato de potássio, geralmente disponível em dois graus, é uma solução líquida límpida, neutra a básica. Este fertilizante pode ser misturado com outros fertilizantes, exceto misturas ácidas (isto é, pH < 6,0). Para evitar a formação de precipitados, é sempre útil realizar pequenos testes de mistura num frasco antes da injeção.

5.4. Cálcio (Ca):

O cálcio está normalmente disponível em boa quantidade nos solos e muitas vezes não é aplicado em programas de fertilizantes. É frequentemente adicionado a solos ácidos como cal para aumentar o pH **(Burt, 2001).**

5.4.1. Nitrato de cálcio:

O nitrato de cálcio é frequentemente fertirrigado no solo ou nas folhas para corrigir os problemas acima referidos. No entanto, o controlo não é fácil, uma vez que o cálcio pode ser fornecido demasiado tarde.

5.5. Magnésio (Mg):

O magnésio é normalmente mais absorvido pelas plantas do que o fósforo e é frequentemente deficiente nas culturas hortícolas, especialmente quando existem níveis elevados de cálcio e potássio. A deficiência de magnésio é facilmente corrigida pela fertirrigação **(Burt, 2001).**

5.5.1. Sulfato de magnésio:

O teor de sulfato de magnésio é de 9,6% de magnésio.

5.5.2. Nitrato de magnésio:

O nitrato de magnésio contém 9,3% de magnésio.

5.6. Enxofre (S):

A deficiência de enxofre é rara, pois o nutriente é um constituinte de muitos tipos de fertilizantes, ou seja, superfosfato, vários sulfatos (potássio, magnésio e alguns oligoelementos) e misturas NPK. As formas de sulfato de vários fertilizantes são frequentemente utilizadas na fertirrigação **(Burt, 2001).**

Table (1): Fertilizer Properties.

Fertilizer	Molecular Compound	%Element	Solubility g/ 100 ml	Temp deg C
Ammonia	NH_3	82% N	90	0
Ammonium Nitrate	NH_4NO_3	34% N	118	0
			187	20
			590	80
Ammonium Sulphate	$(NH_4)2SO_4$	21% N	71	0
		24% S	95	80
Calcium Carbonate	$CaCO_3$		0.006	0
Calcium Metaphosphate	$Ca(PO_3)$		0.001	0
Calcium Nitrate	$Ca(NO_3)2 . 4H_2O$	15.5% N	134	0
			364	100

Neilsen et al. (2001)

Fertilizer	Molecular Compound	%Element	Solubility g/ 100 ml	Temp deg C
Calcium Sulphate	$CaSO_4.2H_2O$		0.24	0
Copper Sulphate	$CuSO_4.5H_2O$		32	0
Diammonium Phosphate	$(NH_4)2HPO_4$	18% N	25	0
		20% P		
Dicalium Phosphate	$CaHPO_4.2H_2O$		0.02	0
Magnesia	MgO		0.0006	0
Magnesium Sulphate	$MgSO_4.7H_2O$		85	0
Manganese Sulphate	$MnSO_4.4H_2O$		105	0
Monoammonium Phosphate	NH_4H2PO_4	11% N	43	0
		22% P		
Monocalcium Phosphate	$CaH_4(PO_4)2\ H_2O$	20% P	varies	
Potassium Chloride	KCl	60% K_2O	28	0
			51	80
Potassium Nitrate	KNO_3	13% N	13	0
		46% K	169	80
Potassium Sulphate	$K2SO_4$	53% K_2O	8	0
Sodium Nitrate	$NaNO_3$	16% N	73	0
Urea	$CO(NH_2)2$	46% N	67	0
			108	20
			167	40
Zinc Sulphate	$ZnSO_4.6H_2O$		70	0

Neilsen et al. (2001)

5.7. Oligoelementos:

Fares e Abbas (2009) referiram que os oligoelementos são nutrientes necessários às plantas em quantidades mínimas. Por conseguinte, são aplicados em pequenas quantidades e os custos não são elevados. É provável que o boro, o ferro, o manganês e o zinco sejam deficientes em solos alcalinos e o molibdénio em solos ácidos. O cobre, o manganês e o zinco são frequentemente aplicados em fungicidas para controlar doenças e são, portanto, indiretamente aplicados como oligoelementos nas culturas. Existe o perigo de toxicidade com o boro e o molibdénio ou de deficiências induzidas (por exemplo, deficiência de fósforo causada por excesso de ferro), se alguns destes elementos forem aplicados a taxas excessivas. Os oligoelementos podem ser aplicados por fertirrigação. Alguns oligoelementos são vendidos na forma quelatada. **(Burt, 2001)** Os nutrientes nesta forma podem estar ligeiramente mais disponíveis do que na forma normal, mas muitas vezes as formas não quelatadas dão resultados igualmente bons e são muito mais baratas. Alguns dos oligoelementos que são utilizados na fertirrigação Quadro (2).

Tabela (2): Oligoelementos para utilização na fertirrigação.

Oligoelementos	Fertilizantes
Boro (B) Cobre (Cu) Ferro (Fe) Manganês (Mn) Molibdénio (Mo) Zinco (Zn)	Bórax, Solubor, Polybor, Spray Boro Sulfato de cobre Quelato de ferro, equestrene, sulfato ferroso Sulfato de manganês, Mantrac, Tecmangan Molibdato de sódio Sulfato de zinco, Zincsol, Zintrac

Capítulo 6. Regras básicas de mistura:

Algumas das regras básicas de compatibilidade das misturas são as seguintes:

1. No caso de misturar adubos secos solúveis, encher sempre o recipiente de mistura com 50-75% da água necessária para a mistura.

2. Adicionar sempre os materiais fertilizantes líquidos à água no recipiente de mistura antes de adicionar o fertilizante seco e solúvel. O líquido adicional fornecerá algum calor no caso de os fertilizantes secos terem a caraterística de tornar as soluções frias.

3. Adicionar sempre os ingredientes secos lentamente com circulação ou agitação para evitar a formação de grumos grandes, insolúveis ou de solubilidade lenta.

4. Colocar sempre o ácido na água e não a água no ácido.

5. Nunca misturar um ácido ou um adubo acidificado com cloro, quer o cloro se apresente sob a forma de gás ou sob a forma líquida, como o hipoclorito de sódio. Forma-se um gás tóxico de cloro. Nunca guarde o ácido e o cloro juntos na mesma divisão.

6. Não tentar misturar o amoníaco anidro ou o amoníaco aquoso diretamente com qualquer tipo de ácido. A reação é violenta e imediata.

7. Não tente misturar a solução concentrada de fertilizante diretamente com outras soluções concentradas de fertilizante.

8. Não misturar um composto que contenha sulfato com outro composto que contenha cálcio. O resultado será uma mistura de gesso insolúvel.

9. Consulte sempre o fornecedor do produto químico para obter informações sobre insolubilidade e incompatibilidade.

10. Não misturar adubo contendo fósforo com outro adubo contendo cálcio sem primeiro efetuar o ensaio em frasco.

11. A água extremamente dura que contém uma quantidade relativamente grande de cálcio e magnésio combina-se com fosfato, polifosfato neutro ou compostos de sulfato para formar substâncias insolúveis **(Charles, 1998).**

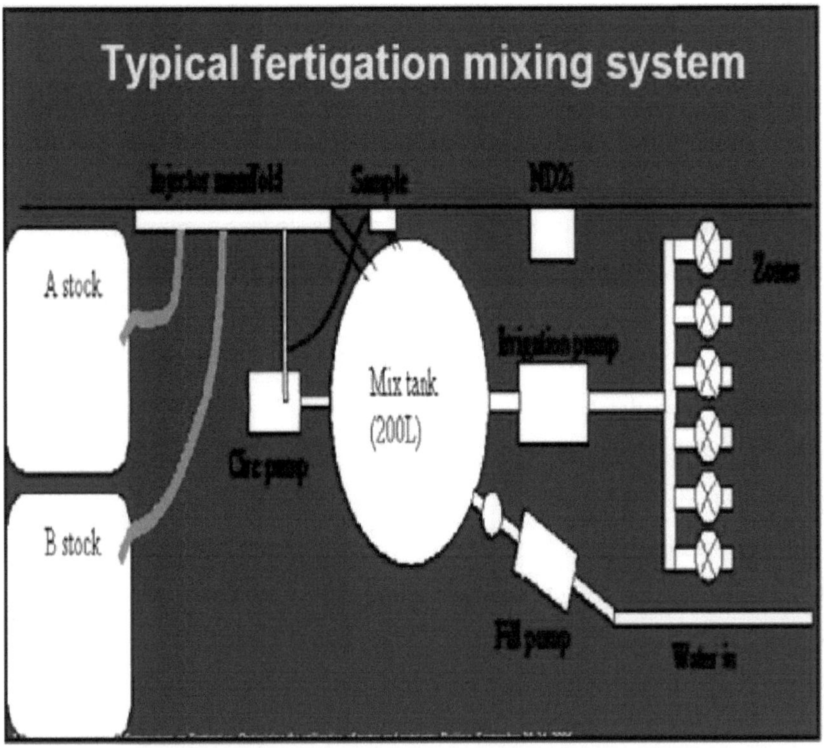

Fig (3): Sistema típico de mistura de fertirrigação.
(Fonte: IPI International Symposium Fertigation, 2005)

Capítulo 7. Factores que afectam a eficiência da fertirrigação:

A eficiência da fertirrigação depende de muitos factores. Para além do sistema de rega e da conceção do sistema de fertirrega, estes factores incluem o tipo de solo, a fase da cultura, o tipo de produto químico, o tempo de fertirrega e a qualidade da água de rega. Os tipos de solo, juntamente com as características físicas e químicas do solo (i.e., textura, pH, ou percentagem de Na, Ca e outros elementos que aumentam a adsorção dos nutrientes aplicados), influenciam o desempenho da operação de fertirrigação. Por exemplo, os solos arenosos requerem uma fertirrigação mais frequente e em doses mais pequenas do que os solos argilosos. Solos com características de fixação de P também requerem doses frequentes e pequenas de P. Da mesma forma, se o solo tiver um pH alto, a aplicação de fertilizante NH_4 resultará em perda de NH_3 via volatilização. As necessidades de nutrientes das plantas variam com o estágio fenológico de crescimento da planta; quantidades menores de nutrientes são necessárias durante os estágios iniciais de crescimento do que em estágios posteriores de crescimento. Por conseguinte, a fertirrigação é geralmente mais eficaz em fases de crescimento elevado e de desenvolvimento rápido do que em fases de crescimento baixo, lento ou nulo. Altas taxas de aplicação de nutrientes, baixa absorção de nutrientes pelas plantas e zonas radiculares pouco profundas das culturas representam um risco potencial de perdas por lixiviação de nutrientes em caso de irrigação excessiva ou após chuvas fortes **(Fares e Abbas, 2009).**

Capítulo 8. Fertirrigação e nutrição das plantas:

A fertirrigação abriu novas possibilidades para controlar o fornecimento de água e nutrientes às culturas e manter a concentração e distribuição desejadas de iões e água no solo. Muitos autores demonstraram que a fertirrigação aumentou o rendimento ou a eficiência dos nutrientes em muitas condições e com diferentes plantas (Fig. 4): Repolho **(Salo *et al.*, 2002;** pimentão **(Romic *et al.*, 2003);** soja **(Oad *et al.*, 2004);** trigo **(Vishands *et al.*, 2006** e tomate **(Shaymaa *et al.*, 2009).**

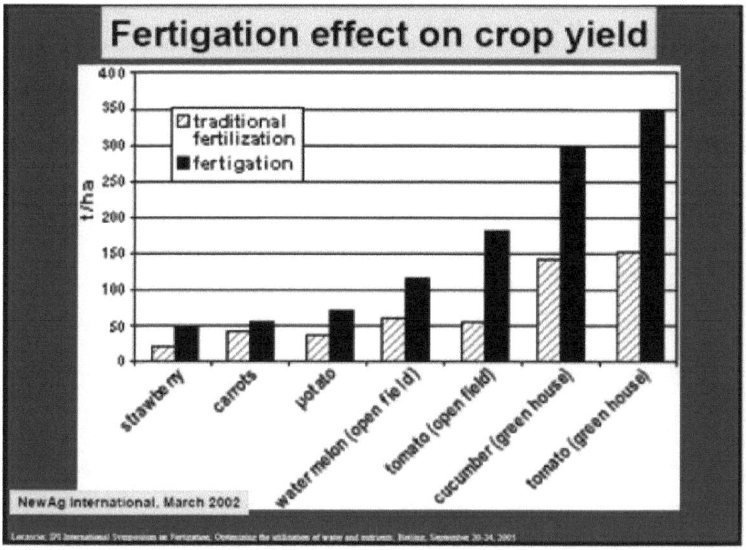

Fig (4): Efeito da fertirrigação no rendimento das culturas.

(Fonte: New Ag International, 2002)

8.1. Efeito da fertirrigação no crescimento e rendimento das plantas:

A aplicação de fósforo na primeira irrigação em vez de na semeadura é relatada como sendo mais eficaz, mesmo em taxas baixas, na produção de rendimento equivalente de trigo juntamente com 25-30% de aumento da eficiência do fertilizante de fósforo (PFE) em comparação com taxas mais altas de P por difusão e incorporação na semeadura **(Alam *et al.*, 2002).** Um estudo recente **(Alam *et al.*, 2002)** defendeu a viabilidade da tecnologia de fertirrigação para a fertilização com P na primeira irrigação em caso de escassez de fertilizante P para evitar a sementeira tardia.

Chawla e Narda (2000) relataram que a batata cresce melhor na fertirrigação por gotejamento do que na cultura irrigada por sulco. Os valores mais elevados do índice de área foliar, cobertura do solo, matéria seca e rendimento da acumulação de tubérculos frescos foram 2,48, 59%, 18,98 g por planta e 30,13 toneladas por hectare, respetivamente, na cultura com fertirrigação por gotejamento, em comparação com 1,64, 36%, 9,8 g por planta e 21,5 toneladas por hectare, respetivamente, para a cultura de batata irrigada por sulco. Por outro lado, **Paauw (2001)** revelou que a fertirrigação reduziu a taxa de aplicação de N sem afetar o rendimento.

(Oad *et al.*, 2004) relataram que a soja inoculada exibiu plantas significativamente altas (38,5 cm) sob fertirrigação com nitrogênio, seguida por difusão de nitrogênio (31 cm), no entanto, foram observadas plantas anãs (22,05 cm) em parcelas não inoculadas. O maior número de ramos por planta (6,70) foi observado no tratamento de fertirrigação com nitrogênio + inóculo, seguido por difusão de nitrogênio + inóculo (3,7O), enquanto as plantas de soja não inoculadas (1,85 ramos por planta) permaneceram na parte inferior (Tabela 3). O aumento da ramificação nas parcelas inoculadas pode ser atribuído à maior fixação de nitrogênio e à melhor nutrição da soja, que causou maior crescimento vegetativo e produção de sementes.

Quadro 3: Características de crescimento e rendimento da soja sob fertirrigação com azoto e a céu aberto.

Treatments	Germination (%)	Plant height (cm)	Branches per plant	Nodule count	Maturity (days)	Seed yield (kg ha^{-1})
N-fertigation + inoculums	82.7 5a	38.50a	6.70a	4.90a	105.25a	1183.41a
N-broadcast + inoculums	79.25ab	31.00b	3.70b	2.15b	105.50a	1049.20b
75 N Kg ha^{-1}	76.50b	22.05c	1.85c	1.12c	99.25b	866.48c
LSD (5%)	4.54	3.52	0.52	0.41	2.28	70.67
LSD (1%)	6.25	5.34	0.79	0.62	3.46	107.10

As médias que partilham a mesma letra diferem de forma não significativa (P> 0,05).

(Vishandas *et al*, 2006) afirmaram que a fertirrigação com P na primeira irrigação aumentou a altura da planta (7,7%), a planta do perfilho^{-1} (27,7%), o comprimento da espiga (4,6%), a espiga dos grãos[1] (3,2), a planta dos grãos^{-1} (30,2%), o índice de sementes (4,9%), o rendimento da palha (5.4%), rendimento de grãos (9,3%), absorção de P na palha (14,6%), grãos (22,8%) e seu total (19,8%), eficiência do fertilizante P (PFE) (68,1%), relação grão: nutriente (GNR) (54,3) e relação valor: custo (VCR) (42,4) na planta de trigo (Fig. 5).

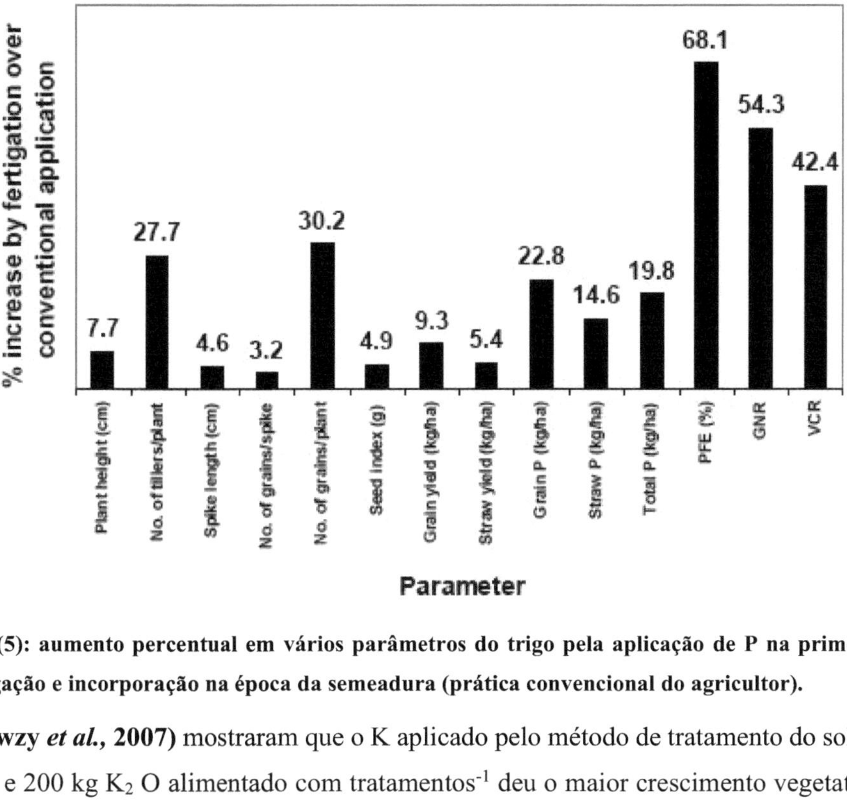

Fig (5): aumento percentual em vários parâmetros do trigo pela aplicação de P na primeira irrigação e incorporação na época da semeadura (prática convencional do agricultor).

(Fawzy *et al.*, 2007) mostraram que o K aplicado pelo método de tratamento do solo a 150 e 200 kg K_2 O alimentado com tratamentos^{-1} deu o maior crescimento vegetativo de berinjelas (comprimento da planta, número de brotos por planta, número de folhas por planta e peso fresco das folhas), rendimento total e qualidade do rendimento (diâmetro do fruto, comprimento do fruto e peso médio do fruto) em comparação com outros tratamentos. Acrescentaram que o melhor crescimento vegetativo, rendimento total e qualidade foram obtidos pelo tratamento de pulverização foliar. Em geral, o efeito da interação entre 150 e 200 kg K_2O alimentado^{-1} com pulverização foliar de K aumentou o crescimento vegetativo da beringela, o rendimento e a qualidade em comparação com outros tratamentos.

Recentemente, **Shaymaa *et al.*, (2009)** relataram que o comprimento da parte aérea das plantas de tomate foi significativamente superior em todos os tratamentos de irrigação por gotejamento e fertirrigação sobre o solo aplicado no controle irrigado por sulco. A produção total de matéria seca na colheita final foi significativamente maior na irrigação por gotejamento (3,60 t ha^{-1}) sobre o controle de irrigação por sulco (2,86 t ha^{-1}). Além disso, um peso seco significativamente maior foi observado com tratamentos de fertirrigação sobre a irrigação por gotejamento. No entanto, o peso seco total na colheita final não diferiu significativamente entre 50% (4,17 t ha^{-1}) e 75% (4,48 t ha^{-1}) da taxa de fertirrigação, enquanto a produção máxima de matéria seca foi obtida com 100% de fertirrigação (4,86 t ha^{-1}). A variação na produção de matéria seca devido aos diferentes tratamentos pode ser atribuída à produção de área foliar (Tabela 4). A fertirrigação com 100% de fertilizantes solúveis em água NPK aumentou significativamente a produção de frutos de tomate (58,76 t ha^{-1}) sobre o controle irrigado por sulco, irrigação por gotejamento, 50% de fertirrigação (48,18 t ha^{-1}) e 75% de fertirrigação NPK (54,16 t ha^{-1}). Da mesma forma, os tratamentos de fertirrigação registaram um número significativamente maior de frutos e peso do fruto principal por planta em comparação com a irrigação por gotejamento e por sulco (Tabela 5).

Quadro 4: Parâmetros de crescimento das plantas de tomate afectados pelo método de fertilização e pela taxa de fertirrigação.

Tratamentos	Altura da planta (cm)	LAI 80 dias	Peso seco do fruto t ha^{-1}	Peso seco total t ha^{-1}
Sulco	54.4	2.27	1.72	2.86
Irrigação por gotejamento	62.7	3.15	2.19	3.60
1/2 Solo 1/2 Fertirrigação	64.8	3.24	2.41	4.17
1/4 Solo 3/4 Fertirrigação	66.5	3.29	2.72	4.48

100% de fertirrigação	69.3	3.65	2.94	4.85
LSD a 5%	4.75	0.25	0.28	0.36

LAI: Índice de área foliar.

Quadro 5: Rendimento e componentes do rendimento do tomate afectados pelo método de fertilização e pela taxa de fertirrigação.

Tratamentos	**Número de frutos por planta**	**Peso médio dos frutos (g)**	**Produção de frutos Kg por planta**	**Rendimento total de frutos (t ha)$^{-1}$**
Sulco	12.4	86	1.07	34.38
Irrigação por gotejamento	14.5	103	1.37	43.87
1/2 Solo 1/2 Fertirrigação	15.3	109	1.51	48.18
1/4 Solo 3/4 Fertirrigação	15.6	113	1.69	54.16
100% de fertirrigação	16.8	117	1.84	58.76
LSD a 5%	1.6	9	0.14	4.15

(Jayakumar et al., 2014) relataram que a aplicação de níveis variáveis de fertilizantes como fertirrigação em combinação com biofertirrigação de azofosmete influenciou positivamente o rendimento das sementes (Tabela 6). A fertirrigação por gotejamento com 150 por cento da dose recomendada de NPK e biofertirrigação (T8) registou o maior rendimento de sementes de 3395 kg ha-1. No entanto, a fertirrigação com 150% da dose recomendada de NPK com e sem biofertilizante e a aplicação de 125% de NPK com biofertirrigação de azofosmete produziram rendimentos comparáveis e foram superiores aos demais tratamentos. Aplicação no solo de NPK recomendado sob irrigação de superfície e aplicação de nutrientes no solo com irrigação por gotejamento produziu rendimentos a par com a fertirrigação por gotejamento de 75% de NPK recomendado e foram significativamente inferiores aos outros tratamentos. A aplicação de nutrientes através da fertirrigação por gotejamento melhorou a produtividade de sementes em 43,0 por cento em comparação com a irrigação convencional por superfície com aplicação de fertilizantes no solo.

Tabela (6): Efeito da fertirrigação por gotejamento e biofertirrigação em ramos simpodiais, pontos de frutificação da planta[1], número de cápsulas da planta^{-1}, peso da cápsula, rendimento do algodão em caroço e índice de colheita do algodão Bt. (Dados médios para dois anos).

Treatments		Sympodial branches per plant	Fruiting points plant^{-1}	Number of bolls plant^{-1}	Boll weight (g boll^{-1})	Seed (kg ha^{-1})	Harvest
T_1:	DF with 75 per cent NPK	11.69	55.86	21.73	4.69	2036	0.41
T_2:	DF with 75 per cent NPK	13.66	57.27	22.92	4.83	2308	0.42
T_3:	DF with 100 per cent NPK	14.08	57.77	23.42	4.55	2353	0.41
T_4:	DF with 100 per cent	15.68	59.80	25.30	4.69	2744	0.44
T_5:	DF with 125 per cent NPK	15.97	61.13	26.23	4.34	2829	0.45
T_6:	DF with 125 per cent	17.57	66.82	28.90	4.97	3217	0.47
T_7:	DF with 150 per cent NPK	17.77	67.49	29.11	4.94	3273	0.48
T_8:	DF with 150 per cent	18.08	68.45	29.47	4.84	3395	0.49
T_9:	DI + soil application of	11.33	55.77	21.33	4.90	1993	0.40
T_{10}:	SI + soil application of	11.17	54.83	20.56	4.76	1934	0.39
SEd		0.81	1.07	0.69	0.22	125	0.01
LSD (P=0.05)		1.72	2.25	1.46	NS	262	0.01

Além disso, **Yasser et al., (2009)** relataram que melhoram a produtividade do tomate com base na programação da técnica de fertirrigação sob sistemas de irrigação por gotejamento superficial e aspersão sólida. (Tabela 7) os resultados revelaram que a produtividade do tomate, a eficiência do uso da água e do fertilizante foi aumentada em cerca de 25,6, 49,3 e 20,3% sob gotejamento de superfície em comparação com o sistema de irrigação por aspersão mais sólido, respetivamente. Por outro lado, os dados indicaram que houve um aumento positivo de

O custo da unidade de produção de tomate sob fertirrigação foi menor do que quando se utilizou o método tradicional de fertilização (broadcasting) em 15,72% e 12,78% sob os sistemas de irrigação por gotejamento e aspersão. Além disso, o custo da unidade de produção de tomate sob fertirrigação foi menor do que quando se utiliza o método tradicional de adubação (broadcasting) em 15,72% e 12,78% sob os sistemas de irrigação por gotejamento e aspersão a uma taxa de 100% do total de nutrientes necessários, respetivamente.

Table (7): Tomato yield and vegetation growth as response to the investigated fertilization methods and pressurized irrigation system

Irrigation system	Fertilization technique	Fertigation percentage, (%)	Vegetation growth indices		
			Plant height (cm)	No. of pranches /plant	No. of Fruts /plant
Surface drip	Fertigation	50% of NC_R	49.5	6.3	6.8
		75% of NC_R	56.0	8.5	10.7
		100% of NC_R	68.5	11.5	14.6
	Broadcasting	100% of NC_R	66.5	10.4	13.8
Solid-set sprinkler	Fertigation	50% of NC_R	44.0	5.7	4.9
		75% of NC_R	51.5	7.3	9.0
		100% of NC_R	60.5	9.6	12.6
	Broadcasting	100% of NC_R	59.0	9.8	12.5

NC_R: Nitrogen under same condition recommended

(Yasser et al. 2009)

(Papadopoulos et al., 2000) relatou que a aplicação contínua de P através da água de irrigação foi mostrada como sendo superior à aplicação de P em quantidades adequadas como fertilização básica (Figura 6). **Rauschkolb et al., (1976)** descobriram que o movimento de P aumenta de 5 a 10 vezes quando aplicado através do sistema de gotejamento, indicando que a fertirrigação de P é particularmente importante.

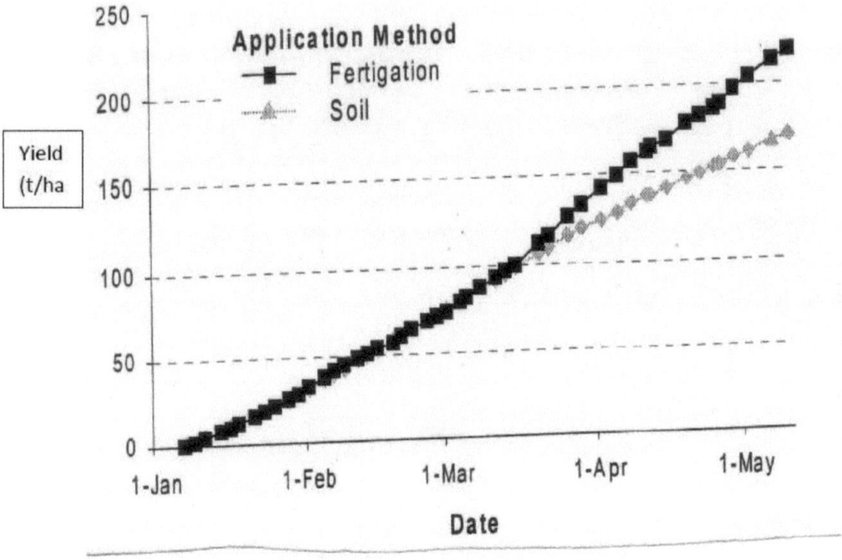

Fig (6): Rendimento do pepino afetado pelo método de aplicação de P.

(Richa et.al., 2015) relataram que a redução dos níveis de fertirrigação de 100% para 50% NPK do fertilizante recomendado diminuiu significativamente entre os diferentes tratamentos fertirrigados, o maior rendimento de grãos foi registado com 100% RDF através de fertirrigação por gotejamento com fertilizante solúvel em água (6503 $kg.ha^{-1}$) que foi a par com 100 e 75% RDF em que 50% aplicado como basal com fertilizante normal e 50% top dress através de fertirrigação por gotejamento com fertilizante solúvel em água (6144 e 5600 $kg.ha^{-1}$) e 75% RDF através de fertirrigação por gotejamento com fertilizante solúvel em água (5664 $kg.ha^{-1}$). O maior rendimento de grãos pode ser devido à sua superioridade na produção de perfilhos mais produtivos^{-1} , comprimento da panícula, peso de mil sementes e número total de grãos cheios na panícula^{-} ! com menor% de palha do que o outro tratamento. Isto foi atribuído principalmente ao maior número de perfilhos produtivos devido à disponibilidade contínua de água e nutrientes que resultaram em maior absorção de nutrientes, por sua vez, a produção de maior matéria seca sob fertirrigação por gotejamento (ver tabela 8).

Tabela (8): Rendimento de grãos e palha de arroz aeróbico influenciado pela fertirrigação por gotejamento.

Treatments	Grain yield (kg ha^{-1})	Straw yield (kg ha^{-1})	Harvest index
T_1:Surface irrigation with soil application of RDF	3375	6296	0.35
T_2:50% RDF (50% basal with NF+50%top dress through DF with NF)	3392	6628	0.34
T_3:75% RDF (50% basal with NF+50%top dress through DF with NF)	3895	7285	0.35
T_4:100% RDF (50% basal with NF +50%top dress through DF with NF)	4300	7961	0.35
T_5:50% RDF (50% basal with NF+50%top dress through DF with WSF)	4107	7090	0.37
T_6:75% RDF (50% basal with NF+50%top dress through DF with WSF)	5600	8462	0.40
T_7:100% RDF(50% basal with NF+50%top dress through DF with WSF)	6144	8659	0.42
T_8:50 % RDF through drip fertigation with WSF	4860	7717	0.39
T_9:75 % RDF through drip fertigation with WSF	5664	8664	0.40
T_{10}:100% RDF through drip fertigation with WSF	6503	9285	0.41
S.Em±	318.75	409.23	0.03
CD @ 5%	947.04	1215.87	NS
CV (%)	11.54	9.08	15.03

NF: Fertilizante normal; **WSF:** Fertilizante solúvel em água; **DF:** Fertirrigação por gotejamento; **RDF:** Dose recomendada de fertilizante (100:50:50 kg NPK ha)$^{-1}$

8.2. Efeito da fertirrigação na absorção pelas plantas:

Vishandas *et al.* (2006) indicaram que a absorção de P pelo grão de trigo, palha e seu conteúdo total foi menor no caso de controlo onde não foi aplicado P, ou seja, 13,20, 5,22 e 18,43 kg ha^{-1} , respetivamente. A absorção de fósforo pelo grão, palha e seu conteúdo total foi maior quando o P foi fertirrigado na primeira irrigação, ou seja, 20,39, 11,01 e 31,40, respetivamente. Em contraste, quando o P foi aplicado seguindo o método de difusão dos agricultores, os valores de absorção de P para o grão, palha e seu total foram comparativamente muito baixos, ou seja, 16,6, 9,61 e 26,20, respetivamente. Os aumentos correspondentes na absorção de P pelo grão, palha e seu total por fertirrigação na primeira irrigação em relação à transmissão na semeadura foram 22,8, 14,6 e 19,8, respetivamente. Os grãos acumularam mais P do que a palha e o aumento na absorção de P dos grãos também foi maior.

A fertirrigação do fósforo recomendado (RP) na primeira irrigação resultou em uma eficiência significativamente melhor ($P < 0,05$) de fertilizantes de fósforo (PFE) 15,3%

em comparação com a PFE 9,1% obtida pela prática do agricultor de transmitir RP na semeadura. A eficiência mínima de fertilizantes de fósforo 8,9% foi observada quando o P foi aplicado através de fertirrigação em duas partes iguais na primeira e segunda irrigação. O fósforo na primeira irrigação aumentou a PFE para 68%, em comparação com o P aplicado em duas parcelas iguais, cada uma delas através da difusão na sementeira e na primeira irrigação.

Fawzy *et al.*, (2007) relataram que o maior peso seco de folhas para berinjela foi encontrado usando 200 K_2O por Fadden na primeira temporada e 150 K_2O por Fadden na segunda. Por outro lado, o valor mais baixo foi registado com a utilização de 50 K_2O por Fadden. Estes resultados mantiveram-se nas duas épocas do estudo. Os dados obtidos mostraram que houve diferenças significativas em N e K% nas folhas de berinjela entre as diferentes taxas de fertilizante potássico em ambas as estações. No entanto, a maior percentagem de N e K foi registada com a utilização de 250 K_2O por Fadden. Por outro lado, os valores mais baixos foram registados com 50 K_2O por Fadden. Os resultados foram semelhantes nas duas estações do ano para a beringela. A pulverização foliar de potássio como um estímulo teve um efeito significativo sobre o peso seco das folhas e N%, bem como K% em tecidos de folhas de berinjela não atingiu o nível de 5% de significância em ambas as estações. O maior peso seco de folhas e N, P e K% foram obtidos com a aplicação foliar de potássio. Por outro lado, os valores mais baixos foram dados pelas plantas de controlo (sem pulverização foliar). Estes resultados mantiveram-se nas duas épocas. Assim, pode concluir-se que a pulverização foliar de potássio foi mais eficiente como dose suplementar de fertilizante potássico.

Yasser *et al.*, (2009) indicou que a concentração de resíduos de NPK em frutos de tomate aumentou com o aumento da taxa de fertirrigação de 50 a 100% das necessidades totais em ambos os sistemas de irrigação por gotejamento de superfície e aspersão de conjunto sólido, mas o aumento de NPK sob gotejamento de superfície foi maior do que sob a irrigação por aspersão de conjunto sólido. Por outro lado, os dados indicaram que a concentração de resíduos de nutrientes em frutos de tomate foi maior usando o método de fertirrigação do que quando se utiliza o método tradicional de fertilização (broadcasting) por 12,4, 1,49 e 26,8% para N, P e K, respetivamente, sob o sistema de irrigação por gotejamento superficial, enquanto o aumento foi de 16,7, 47 e 20,2% sob o sistema de irrigação por aspersão de conjunto sólido (ver Tabela 9).

Table (9): Effect of fertigation scheduling on residues NPK concentration in tomato fruits.

Irrigation system	Fertilization technique	Fertigation percentage, %	Nutrients conc. In tomato fruits, %		
			N	P	K
Surface drip	Fertigation	50% of NC_R	1.65	0.58	1.23
		75% of NC_R	2.53	0.63	1.95
		100% of NC_R	2.66	0.67	2.31
	Broadcasting	100% of NC_R	2.33	0.66	1.69
Solid-set sprinkler	Fertigation	50% of NC_R	1.68	0.58	1.37
		75% of NC_R	2.43	0.60	1.60
		100% of NC_R	2.50	0.63	1.78
	Broadcasting	100% of NC_R	2.09	0.60	1.42

(Yasser et al. 2009)

Também, **Jayakumar et al., (2014)** indicou que a fertirrigação por gotejamento e sua combinação com biofertirrigação teve um efeito positivo na absorção de N, P e K em 120 DAS (Figura 7). A fertirrigação por gotejamento com 150 por cento da dose recomendada de NPK e biofertirrigação (T8) foi significativamente superior com a maior absorção de N, P e K de 110,9, 28,2 e 110,6 kg ha-1 aos 120 DAS, respetivamente. No entanto, o efeito da fertirrigação por gotejamento com 150 por cento da dose recomendada de NPK (T7) e fertirrigação por gotejamento com 125 por cento da recomendação de NPK e biofertirrigação (T6) foram estatisticamente iguais à fertirrigação por gotejamento de 150 por cento da recomendação de NPK e biofertirrigação (T8). Significativamente menor absorção de N, P e K de 89,2, 19,5 e 79,8 kg ha-1, respetivamente, foi observada sob irrigação de superfície com aplicação no solo de 100 por cento NPK (T10).

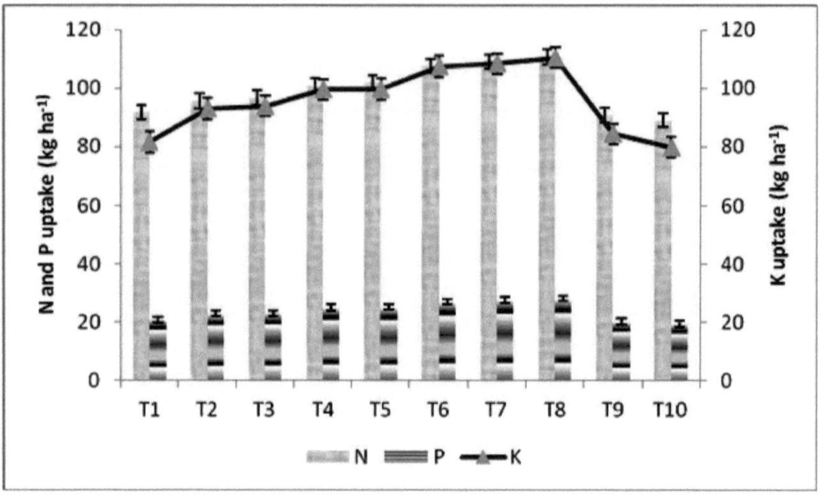

Mean data for two years

	N	P	K
SEd ±	1.69	0.82	4.14
CD (P≤0.05)	3.55	1.73	8.70

Figura (7): Efeito da fertirrigação por gotejamento na absorção de nutrientes.

A absorção de nutrientes foi maior sob níveis mais elevados de fertirrigação em comparação com a irrigação de superfície com aplicação de fertilizantes no solo. A absorção de N foi significativamente maior sob fertirrigação por gotejamento com 150 por cento de NPK recomendado em comparação com a irrigação de superfície. Os valores de absorção de P e K seguiram mais ou menos a tendência semelhante à absorção de N. A concentração e disponibilidade de vários nutrientes no solo para a absorção das plantas depende da fase da solução do solo, que é determinada principalmente pela disponibilidade de umidade no solo. A maior umidade disponível no solo devido ao fornecimento contínuo de água sob fertirrigação por gotejamento levou a uma maior disponibilidade de nutrientes no solo e, assim, aumentou a absorção de nutrientes pela cultura. O aumento da absorção de nutrientes sob fertirrigação por gotejamento foi o resultado do aumento da produção de biomassa devido à disponibilidade contínua de água e nutrientes para a cultura.

8.3. Efeito da fertirrigação nos custos de produção:

Yasser ***et al.*****, (2009)** indicaram que o menor custo da unidade de produção de tomate foi de 92,2 LE por tonelada sob o sistema de irrigação por gotejamento de superfície na taxa de fertirrigação de 100 Kg-N por unidade de área, enquanto o maior custo da unidade de produção de tomate foi de 286 LE por tonelada sob o sistema de irrigação por aspersão na taxa de fertirrigação de 50 kg-N por unidade de área. Por outro lado, o custo da unidade de produção de tomate sob fertirrigação foi menor do que quando se utiliza o método tradicional de fertilização (broadcasting) por 15,72% e 12,78% sob o sistema de irrigação por gotejamento superficial e aspersão de conjunto sólidoa com maior taxa de programação de fertirrigação, respetivamente (Tabela 10).

Table (10): Tomato production unit costs under different fertilization methods and pressurized irrigation systems.

Irrigation system	Irrigation system	Fertilization technique	Total yield, ton/ha	Total cost, LE/ha	Production cost unit, LE/ton
Surface drip	Fertigation	50% of NC_R	6.36	633.6	238.2
		75% of NC_R	15.00	701.1	112.3
		100% of NC_R	20.02	768.6	92.2
	Broadcasting	100% of NC_R	17.52	798.6	109.4
Solid-set sprinkler	Fertigation	50% of NC_R	5.06	603.6	286.1
		75% of NC_R	11.33	671.1	142.2
		100% of NC_R	15.94	738.6	111.2
	Broadcasting	100% of NC_R	14.47	768.6	127.5

(Yasser et al. 2009)

(Richa et.al., 2015) relatou que a economia de diferentes tratamentos no cultivo de arroz aeróbico sob fertirrigação por gotejamento e método convencional de irrigação foram trabalhados e são apresentados na Tabela 11. O sistema de fertirrigação por gotejamento foi considerado mais rentável do que a irrigação de superfície devido à maior produtividade. Entre os diferentes tratamentos de fertirrigação por gotejamento os retornos brutos foram maiores quando a cultura foi fertirrigada com 100% de RDF através de fertilizantes solúveis em água (Rs. 121222 ha^{-1}) estes foram seguidos de perto pelo tratamento com 100 e 75% de RDF em que 50% aplicado como basal com fertilizante normal e 50% de cobertura através de fertirrigação por gotejamento com fertilizantes solúveis em água (114364 e 105093 ha^{-1} , respetivamente). Isto é principalmente devido ao aumento do rendimento de grãos e palha em comparação com o resto dos tratamentos. Enquanto isso, os maiores retornos líquidos (Rs.58104 ha^{-1}) foram registados com 100% RDF em que 50% aplicado como basal com fertilizante normal e 50% top dress através de fertirrigação por gotejamento com fertilizante solúvel em água, que foi comparável com 75% RDF em que 50% aplicado como basal com fertilizante normal e 50% top dress através de fertirrigação por gotejamento com fertilizante solúvel em água (Rs.54148 ha^{-1}). A maior relação B: C foi registada em 75% RDF em que 50% foi aplicado como basal com fertilizante normal e 50% top dress através de fertirrigação por gotejamento com fertilizante solúvel em água (2,06). Isto é devido ao alto custo do fertilizante solúvel em água em comparação com o fertilizante normal. A irrigação de superfície com aplicação de RDF no solo registrou menor retorno líquido (Rs.26606 ha^{-1}), enquanto que a aplicação de 50% de RDF através de fertirrigação por gotejamento registrou menor relação B:C (1,66) por causa do menor rendimento de grãos e palha.

Tabela (11): Economia do arroz aeróbico influenciada pela fertirrigação por gotejamento.

Treatments	Cost of cultivation (Rs. ha^{-1})	Gross returns (Rs. ha^{-1})	Net returns (Rs. ha^{-1})	B:C
T1:Surface irrigation with soil application of RDF	38520	65126	26606	1.69
T_2:50% RDF (50% basal with NF+50%top dress through DF with NF)	38720	65905	27185	1.70
T_3:75% RDF (50% basal with NF+50%top dress through DF with NF)	39695	75190	35496	1.89
T_4:100% RDF (50% basal with NF +50%top dress through DF with NF)	41260	82891	41632	2.01
T_5:50% RDF (50% basal with NF+50%top dress through DF with WSF)	45632	78394	32762	1.72
T_6:75% RDF (50% basal with NF+50%top dress through DF with WSF)	50945	105093	54148	2.06
T_7:100% RDF(50% basal with NF+50%top dress through DF with WSF)	56261	114365	58104	2.03
T_8:50 % RDF through drip fertigation with WSF	55213	91766	36553	1.66
T_9:75 % RDF through drip fertigation with WSF	63716	106452	42736	1.67
T_{10}:100% RDF through drip fertigation with WSF	72223	121222	48999	1.68

NF: Fertilizante normal; **WSF:** Fertilizante solúvel em água; **DF:** Fertirrigação por gotejamento; **RDF:** Dose recomendada de fertilizante (100:50:50 kg NPK ha $)^{-1}$

Capítulo 9. Recomendações:

Abdel Wahab (2014) recomenda que, a regulação da injeção de fertilizante para coincidir com o fluxo de água de irrigação é tão precisa que as taxas de aplicação são substancialmente reduzidas. Assim, a fertilização da cultura da cana-de-açúcar (soqueira) deve ser realizada através da estratégia de fertirrigação, principalmente através da injeção da ureia dissolvida (46% N) durante todo o tempo de irrigação (tratamento 100%). Porque este tratamento produziu a melhor uniformidade de distribuição do azoto adicionado em comparação com a injeção durante a primeira ou a segunda metade do tempo de rega. Além disso, a fertirrigação leva à eliminação e poupança de cavalos de trator e de custos e tempo de operação (Quadro 10).

Tabela (10): Benefícios obtidos e custos poupados devido à introdução da fertirrigação.

Parameter	Fertigation technique	Conventional fertilizer application method
Uniformity of fertilizer application	Distribute the dissolved urea more evenly throughout the wetted root zone, with less labour	Intensive, time consuming and do not provide proper fertilizer placement on ratoon fields.
Area fertilized per day	Depend on the area to be irrigated/day	Using fertilizer applicator, only 100 feddan/10 hours a day
Tractor horsepower required for application of the fertilizer.	Lowest fuel consumption and energy were required only to transport the fertilizer storage tank once. Fertigation leads to saving of tractor horse-power and operation cost and time.	Broadcasting of fertilizers in separate operations represent an inefficient use of tractor power and time. The broadcasters required only partial power to operate the metering mechanism (0.05 kW). The weight of filled fertiliser hoppers added 1.68 kW to the rolling resistance o the tractor. Maximum power for a broadcaster was therefo around 1.73 kW. This almost means that the power of the tractor was only utilized to transport itself across the field.
Incorporation and covering of the applied fertilizer	This operation is not required accordingly, more energy and power were saved.	The average output/10 hours a day when using the rigid Tyne cultivator is about 30 feddan. This operation required about 12.32 (kW-h)/ha

Resumo

Em condições climáticas semiáridas e áridas e, ocasionalmente, em climas húmidos, um abastecimento ótimo de água depende da irrigação. Na maior parte dos casos, o abastecimento de água depende da irrigação. A água é fornecida por irrigação de superfície através de canais abertos, inundações e sulcos, pelo que a eficiência da utilização da água é bastante baixa. Normalmente, um terço a metade da água aplicada, que transporta consigo quantidades consideráveis de nutrientes, pode não ser utilizada por uma cultura. A eficiência do uso da água é muito maior em sistemas de irrigação pressurizados, variando de 70% a 95%. Estes sistemas permitem um bom controlo da água, dos nutrientes e minimizam as perdas. Os principais constrangimentos à utilização da rega pressurizada são o investimento inicial de capital, os custos de manutenção e a disponibilidade de especialistas na utilização do sistema. A irrigação por gotejamento é provavelmente o método mais eficaz de aplicação de água. Localiza o fornecimento de água e isto desencadeia o desenvolvimento de um sistema radicular restrito que requer a reposição frequente de nutrientes. A aplicação de nutrientes na água de rega pode satisfazer este requisito.

Num sistema de fertirrigação, as quantidades, concentrações e rácios dos nutrientes são facilmente controlados. Devido a este controlo melhorado, os rendimentos das culturas são maiores do que os produzidos por um sistema simples de aplicação de fertilizantes e irrigação. Estes aumentos de rendimento não devem ser atribuídos apenas à fertirrigação porque as mudanças na técnica agrícola são acompanhadas por outras melhorias na gestão das culturas. A fertirrigação aumenta o rendimento e a eficiência dos nutrientes em muitas condições com diferentes plantas.

Referências

- **Abdel Wahab D.A. (2014).** Introdução da Fertirrigação na Produção de Cana-de-açúcar para Otimização do Uso de Água e Fertilizantes. Ciências Agrárias, 5: 945-957.

- **Alam, S.M.; A. Latif e Z. Iqbal (2002).** Rendimento do trigo e eficiência da utilização de fósforo influenciados pelo método de aplicação de fósforo e zinco. Pak. J. Sci. Ind. Res., 45:117-119.

- **Alam, S.M.; S.A. Shah e M.M. Iqbal (2005).** Avaliação do método e do tempo de aplicação de fertilizantes para rendimento e eficiência óptima de P no trigo. Songklanakarin J. Sci. Technol., 27 (3): 457-463.

- **Alva, A.K.; S. Parama Sivam; A. Fares; J.D. Delgado; D. Mattos e K.S. Sajwan (2005).** Práticas de gestão do azoto e da rega para melhorar a eficiência da absorção de azoto e minimizar as perdas por lixiviação. Journal of Crop Improvement 15:369-420.

- **Burt, J. (2001).** Fertirrigação de vegetais na Austrália Ocidental. Uso de Fertirrigação em Vegetais na Austrália Ocidental. Boletim 4512:1-12.

- **Charles, M.B. (1998).** Químicos para fertirrigação. Procedimentos da Exposição Internacional de Irrigação. IA's 19th Conferência Anual. Nov. 1-3. San Diego, CA. Conferência Anual da Associação de Irrigação.

- **Chawla, J.K. e N.K. Narda (2000).** Parâmetros de crescimento da batata (Solanum tuberosum) com fertirrigação por gotejamento. Indian Journal of Agricultural Science, 70(11): 747752.

- **Fares, A. e F. Abbas (2009).** Sistemas de irrigação e fontes de nutrientes para fertirrigação. Faculdade de Agricultura Tropical e Recursos Humanos. Universidade do Hawaii em Monoa. SCM-25-maio 2009.

- **Fares, A. e A.K. Alva (2000).** Componentes do balanço hídrico do solo baseados em sondas de multi-capacitância em tempo real num solo arenoso. Soil Science Society of Am. J., 64:311-318.

- **Fawzy, Z.F.; M.A. El-Nemr e S.A. Saleh (2007).** Influência dos níveis e métodos de aplicação de fertilizante potássico no crescimento e rendimento da beringela. Journal of Applied Sciences Research, 3(1): 42-49.

- **Hanson, B.; N.O. Connell; J. Hopmans; Simunek e R. Beede (2006).** Fertirrigação com microirrigação, Universidade da Califórnia, Agricultura e Recursos Nacionais. 49 P.

- **Simpósio Internacional de Fertirrigação da IPI (2005)**. Otimização da utilização da água e dos nutrientes. 20-24 de setembro de 2005, Pequim, China.

- **Jayakumar , M.; U. Surendran e P. Manickasundaram (2014)** Efeitos da fertirrigação por gotejamento no rendimento, absorção de nutrientes e fertilidade do solo do algodão Bt em trópicos semi-áridos International Journal of Plant Production (2014) 8(3): 375-390.

- **Jensen, M.E. (2007).** Para além da eficiência da rega. Irrigation Science, 25: 233245.

- **Johnston, A.E. (2003).** Fertirrigação e fertilização através da irrigação. Instituto Internacional da Potassa, Basileia/Suíça. IPI Research Topics No. 23.

- **Khalifa, R.Kh.M.; O.A. Nofal e Badran Nadia (2003).** Influência da alimentação foliar com micronutrientes no rendimento e no estado nutricional da batata de inverno Var. Diamond. Annals. Agric. Sci., Ain Shams Univ., Cairo, 48(2): 473-483.

- **Mmolawa, K. e D. Or (2000).** Dinâmica de água e soluto sob uma cultura irrigada por gotejamento: Experiências e modelo analítico. Trans. ASAE, 43(6): 15971608.

- **Narda, N.K. e J.K. Chawla (2002).** A simle nitrate sub-model for trickle fertigated potatoes. Irrig. Drain. 51: 361- 371.

- **New Ag International (2002).** O primeiro princípio da fertirrigação. New Ag International, março de 2002, 44- 56.

- **Nofal, O.A.; R.Kh.M. Khalifa; M.T. Nawar e W.M.O. El-Shazly (2002).** Efeito da alimentação foliar com alguns micronutrientes no teor de nutrientes das folhas de algodão, crescimento, precocidade, rendimento, componentes do rendimento e qualidade da fibra com base no estado dos micronutrientes do solo. Egipto J. Bot. 42,

(1-2): 1-19.

- **Oad, F.C.; S.K. Agha; U.A. Buriro e M.H. Siddiquit (2004).** Caracteres de crescimento e rendimento de soja inoculada e não inoculada sob práticas de difusão e fertirrigação de azoto. Revista Internacional de Agricultura e Biologia, 6(6): 1156-1158.

- **Or, D. e F.E. Ccoelho (1996).** Dinâmica da água no solo sob irrigação por gotejamento: modelos de fluxo transiente e absorção. Trans. ASAE, 39(6): 2017-2025.

- **Paauw, J. (2001).** Trickle irrigation and fertigation in Bintje consumption potatoes, PPO- Bulletin AKKerbouw, 1: 5-6.

- **Papadopoulos, I.; Ristimaki, L. e C. Sonneveld (2000).** Fertirrigação com azoto e fósforo do tomate e da beringela. Ata Horticulturae. 511: 73-79.

- **Patel, N. e T.B.S. Rajput (2000)**. Efeito da fertirrigação no crescimento e rendimento da cebola. In: Micro Irrigação, Publicação CBIP no. 282: 451-454.

- **Rauschkolb, R.S., D.E. Rolston, R.J. Miller, A.B. Carlton e R.G. Burau (1976).** Fertilização de fósforo com irrigação por gotejamento. Soil Sci. Soc. Am. J. 40:6872.

- **Rekha B, Jaydeva HM, Gururaj Kombali e Geetha Kumara A (2015).** Impacto da Fertirrigação por Gotejamento na Eficiência do Uso da Água e Economia do Arroz Aeróbico. Irrigat Drainage Sys Eng S1:001. doi:10.4172/2168-9768.S1-001.

- **Romic, D.; M. Romic; J. Borosic e M. Poijak (2003).** A cobertura morta diminui a lixiviação de nitratos na cultura do pimentão (Capsicum annuum L.). Agricultural Water Management, 60: 87-97.

- **Rusan, M.J. (2004).** Pré-requisitos para uma fertirrigação bem sucedida. Workshop regional do IPI sobre potássio e desenvolvimento da fertirrigação na Ásia Ocidental e Norte de África; Rabat, Marrocos, 24-28 de novembro de 2004.

- **Salo, T.; T. Suojala e M. Kallela (2002).** O efeito da fertilização na produção e absorção de nutrientes de couve, cenoura e cebola. Ata Hort. 571: 235-241.

- **Shaaban, M.M.; O.A. Nofal e R.Kh.M. Khalifa (2004).** A fertilização adequada induziu o equilíbrio de nutrientes e aumentou o rendimento dos damascos cultivados em condições de solo arenoso. Minufiya J.Agric. Res., 29(4): 965- 974.

- **Shaymaa, I.S.; M.Z. Sahar e A.A. Yassen (2009).** Efeito do método e taxa de aplicação de fertilizantes sob irrigação por gotejamento na produção e absorção de nutrientes pelo tomate. Ozean Journal of Applied Sciences, 2 (2): 139- 147.

- **Thompson, T.L.; S.A. White e M.A. Maurer (2000).** Desenvolvimento de melhores práticas de gestão para a fertirrigação de árvores jovens de citrinos. Universidade do Arizona, Faculdade de Agricultura e Ciências da Vida, Relatório de Investigação sobre Citrinos e Frutos de Folha Caduca e Nozes. 3 P.

- **Thompson, T.L.; S.A. White; J. Walworth e G.J. Sower (2003).** Frequência de fertirrigação para brócolis com irrigação por gotejamento subterrâneo. Soil Sci. Am. J. 67: 910- 918.

- **Vishandas A.S.; Z.U. Hassan; M. Arshad e A. Naquishah (2006).** A fertirrigação com fósforo na primeira irrigação devido à sua indisponibilidade na altura da sementeira evita perdas de rendimento em triticum aestivuml. Pak. J. Bot., 38(5): 1439-1447.

- **Yasser E.A.; Essam A.W. e M.T. El-Tantawy (2009).** Imact of fertigation scheduling on tomato yield under Arid Ecosystem Condition. Res. J. Agric. & Biol. Sci., 5(3): 280- 286.

MIX
Papier aus verantwortungsvollen Quellen
Paper from responsible sources
FSC® C105338

Printed by Books on Demand GmbH, Norderstedt / Germany